农网工程典型施工工艺

配电变台分册

本书编委会　编

中国电力出版社
CHINA ELECTRIC POWER PRESS

为推进农网工程标准化建设，《农网工程典型施工工艺》以农村电网工程应用为重点、典型设计为核心，依据现行国家标准、电力行业标准及其他相关专业规程、规范，并结合施工现场，努力做到统一性、可靠性、适应性、先进性、经济性、灵活性的协调统一。

本书以“安全、经济、标准、简单、实用”为目标，遵循安全可靠、坚固耐用、施工工艺“一模一样”的原则，是典型设计推广应用的集中表现，对强化农网工程精细化管理水平，提高农网工程质量、农村电网供电可靠性、宣传“国家电网”品牌、树立良好的企业形象具有非常重要的意义。

本书可供农网工程施工人员及管理人员阅读使用。

图书在版编目（CIP）数据

农网工程典型施工工艺. 配电变台分册 /《农网工程典型施工工艺》编委会编. — 北京：中国电力出版社，2018.12（2020.7重印）

ISBN 978-7-5198-2873-8

Ⅰ. ①农… Ⅱ. ①农… Ⅲ. ①农村配电－配电变压器Ⅳ. ①TM727.1

中国版本图书馆 CIP 数据核字 (2019) 第 005242 号

出版发行：中国电力出版社
地　　址：北京市东城区北京站西街 19 号（邮政编码 100005）
网　　址：http://www.cepp.sgcc.com.cn
责任编辑：罗　艳（010-63412315）邓慧都　高　芬
责任校对：黄　蓓　常燕昆
装帧设计：张俊霞
责任印制：石　雷

印　　刷：三河市万龙印装有限公司
版　　次：2018 年 12 月第一版
印　　次：2020 年 7 月北京第二次印刷
开　　本：787 毫米 ×1092 毫米　32 开本
印　　张：2.125
字　　数：52 千字
印　　数：4001—7000 册
定　　价：25.00 元

编委会

前言

为深入推进农网工程标准化建设，加强农村电网发展、提高农村电网智能化水平，国网四川省电力公司农电部组织专家团队，成立专项工作领导小组和编写工作小组，以《国家电网公司配电网工程典型设计（2016 年版）》为基础，认真领会典型设计，选取多个在建工程施工现场进行试点、论证，达到编写和实施相结合，并经过多次研讨，征求各单位意见，4 次专家集中审查，安排 6 家地市公司开展在建项目检验性施工，理论与实际相结合编写出《农网工程典型施工工艺》。

本套书共分 3 个分册，即《农网工程典型施工工艺　架空线路分册》《农网工程典型施工工艺　电缆分册》《农网工程典型施工工艺　配电变台分册》。采取典型设计与现场实际施工相结合的形式，图文并茂，明确标准工艺要点，简单实用，易于读者参考使用。

本书编写过程中得到国网成都供电公司的大力支持，成都市三新供电服务有限公司也参与了编写。

由于编写人员水平有限，书中难免有不妥或错误之处，敬请广大读者批评指正。

编　者

2018 年 3 月

目录

第四章　接地装置

第五章　接户线安装

第六章　户表安装

第一章　综合介绍

一、方案介绍

本典型安装工艺为《国家电网公司配电网工程典型设计（2016 年版）10kV 配电变台分册》中对应的“10kV 柱上变压器台典型设计”部分，结合农网工程现场施工情况，从中选取变压器侧装、架空绝缘线侧面引下的方案，对应的方案编号为 ZA–1–CX。

方案 ZA–1–CX 主要技术原则为：10kV 侧采用架空绝缘线侧装引下，变压器侧装，低压综合配电箱采用悬挂式安装，进、出线均采用低压电缆（或绝缘导线）引出。

二、适用范围

一般宜选用柱上变压器和低压综合配电箱的方式，ZA–1–CX 方案能基本适用于各类供电区域。

本典型安装工艺为单回路线路，如果采用双回路线路，可根据实际情况作相应的调整。

三、技术条件

本方案根据“10kV 柱上变压器台典型设计总体说明”确定的预定条件开展设计，方案组合说明见下表。

10kV 柱上变压器台 ZA-1 - CX 典型方案技术条件表

序号	项目名称	内容
1	10kV变压器	变压器采用低损耗、全密封、油浸式变压器，容量为 400kVA 及以下
2	低压综合配电箱	外形尺寸选用 1350mm×700mm×1200mm，空间满足 400kVA 及以下容量配电变压器的 1 回进线、1～3 回馈线、计量、无功补偿、配电智能终端等功能模块安装要求。箱体外壳优先选用不锈钢材料，也可选用纤维增强型不饱和聚酯树脂材料（SMC）。低压综合配电箱按变压器容量分 2 挡：200kVA 以下变压器按 200kVA 容量配置低压综合配电箱，200～400kVA 变压器按 400kVA 容量配置低压综合配电箱。 部分用电负荷和变压器容量需求小且增长速度较慢的农村、山区可选用 10m 等高杆，低压综合配电箱尺寸选用 800mm×650mm×1200mm，空间满足 200kVA 及以下容量配电变压器的 1 回进线、2 回馈线、计量、无功补偿、配电智能终端等功能模块安装要求
3	主要设备型式	10kV 选用跌落式熔断器或封闭型熔断器。 0.4kV 进线选用熔断器式隔离开关，出线采用断路器。 熔断器短路电流水平按 8/12.5kA 考虑，其他 10kV 设备短路电流水平均按 20kA 考虑

续表

序号	项目名称	内　容
4	防雷接地	10kV 小电流接地系统接地电阻不大于 4Ω，当采用大电流接地系统时，保护接地和工作接地需分开设置，若保护接地与工作接地共用接地系统时，需结合工程实际情况，考虑土壤条件等因素进行校验。 变压器高压侧须安装避雷器，多雷区低压侧宜安装避雷器，避雷器应尽量靠近被保护设备，且连接引线尽可能短而直；接地体一般采用镀锌钢，腐蚀性高的地区宜采用铜包钢或者石墨；接地电阻、跨步电压和接触电压应满足有关规程要求

第二章　柱上变压器

一、台架杆基础施工

（1）台架杆基坑施工时，应先确认台架杆根开距离（2500mm ± 30mm）符合要求，核实杆位及坑深达到要求后，平整坑底并夯实，两杆坑深度应一致。变压器台架杆应用经纬仪找准地面基准，用塔尺测量台架杆基坑的水平度。

• 台架杆位测量

• 台架杆中心距离 2500mm 位置定桩

• 台架杆基坑高差测量

（2）电杆基坑施工前定位应符合：杆塔结构中心与中心桩的横、顺向位移，不应大于 50mm。

（3）电杆基础坑深度为电杆埋深加底盘高度，其值应符合设计规定。电杆基础坑深度的允许偏差应为 +100、−50mm。

（4）电杆基坑底采用底盘时，底盘安装应平、正，底盘的圆槽面应与电杆中心线垂直，找正后应填土夯实至底盘表面。

二、台架电杆组立

（1）电杆组立前检查。电杆应有埋深标识，电杆表面光洁平整，壁厚均匀，无偏心、露筋、跑浆、蜂窝等现象；平放地面检查时，电杆不得有纵向裂缝，横向裂缝宽度不应超过 0.1mm，长度不超过 1/3 周长；电杆杆身弯曲不超过 1/1000。

（2）起立电杆前，确认台架杆根开距离（2500mm ± 30mm）符合要求，电杆顶端应封堵良好。

• 台架杆根开距离复测 1

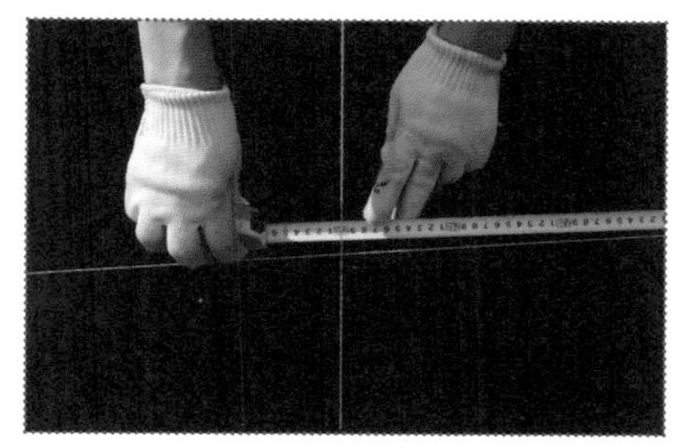

• 台架杆根开距离复测 2

• 固定式人字抱杆组立台架杆（正面）

• 固定式人字抱杆组立台架杆（侧面）

（3）电杆组立后，回填土时应将土块打碎（直径不大于30mm），每回填150mm应夯实一次，不得回填杂草、树根、建渣等杂物。软土质的电杆基坑，应增加夯实次数或采取加固措施。

电杆立好后，电杆杆身倾斜不大于杆梢直径的1/2。

• 台架杆组立

• 电杆校正

（4）回填土后的电杆坑应有防沉土层，培土超出地面300mm。沥青路面或水泥路面不留防沉土层。

• 防沉土层制作

• 防沉土层

（5）电杆基坑开有马道时，马道回填土时必须夯实，并留有防沉土层。

三、台架杆横担安装

（1）对 U 形螺栓、M 垫铁、横担安装前应进行外观检查：表面光洁，无裂纹、毛刺、飞边、锌皮剥落及锈蚀等缺陷。

• M 垫铁外观检查

（2）台架杆横担的安装，引下线固定横担、避雷器固定横担须安装在台架杆内侧，跌落式熔断器固定横担须安装在台架杆外侧，且从上至下平行；横担安装应平、正，横担端部上下歪斜不应大于 20mm；横担端部左右扭斜不应大于 20mm。

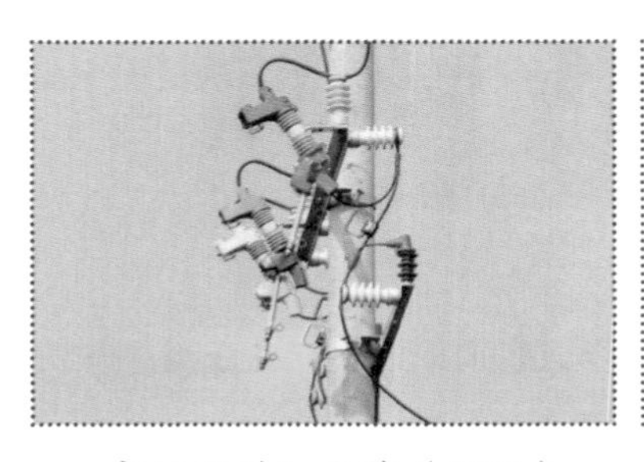

• 高压侧横担安装（侧面）

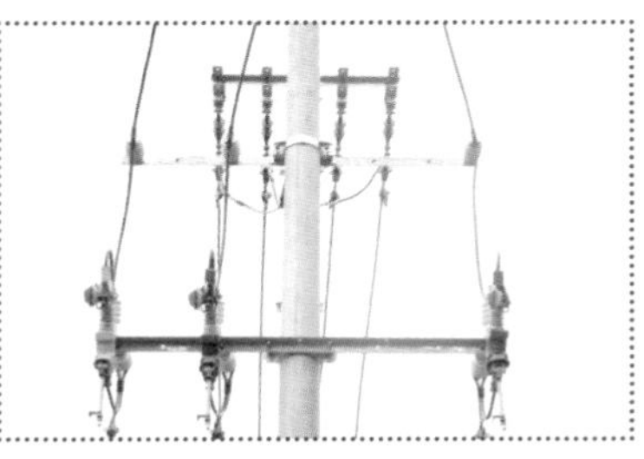

• 高压侧横担安装（正面）

（3）U 形螺栓垂直于电杆安装，与横担垂直，两端必须加装平垫，但每端不得超过 2 个，U 形螺栓、M 垫铁与电杆接触紧密，横担固定牢固可靠。

四、螺栓安装

（1）用螺栓连接的构件，螺杆应与构件面垂直，螺头平面与构件间不应有间隙。螺栓紧固后，螺杆丝扣露出的长度：单螺母不应少于 2 个螺距；双螺母可与螺母相平，且还需加装平垫，每端平垫不应超过 2 个。

（2）螺栓的穿入方向应符合下列规定：①对立体结构，水平方向由内向外；垂直方向由下向上。②对平面结构，顺线路方向，双面构件由内向外，单面构件由送电侧穿入或按统一方向；横线路方向，两侧由内向外，中间由左向右（面向受电侧）或按统一方向；垂直方向，由下向上，浇铸式瓷棒、合成绝缘子由下向上穿。

（3）连接金具螺栓由上向下穿。

（4）耐张串上的弹簧销子及销钉应由上向下穿。当有特殊困难时可由内向外或由左向右穿入；悬垂串上的弹簧销子、螺栓及销钉应向受电侧穿入。两边线应由内向外、中线应由左向右穿入。

• 面向受电侧顺线路螺栓穿向

• 横线路螺栓穿向

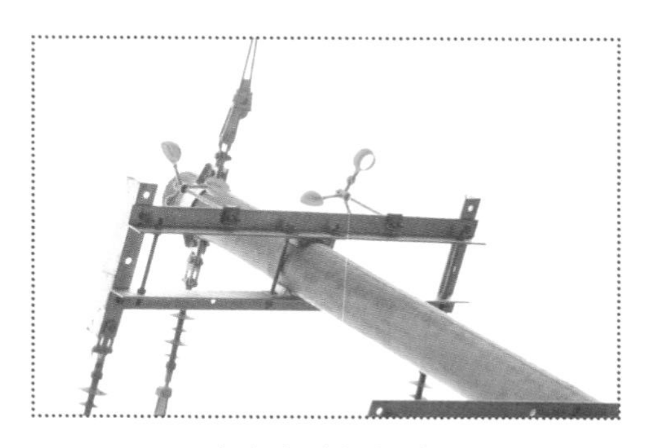

• 垂直线路螺栓穿向

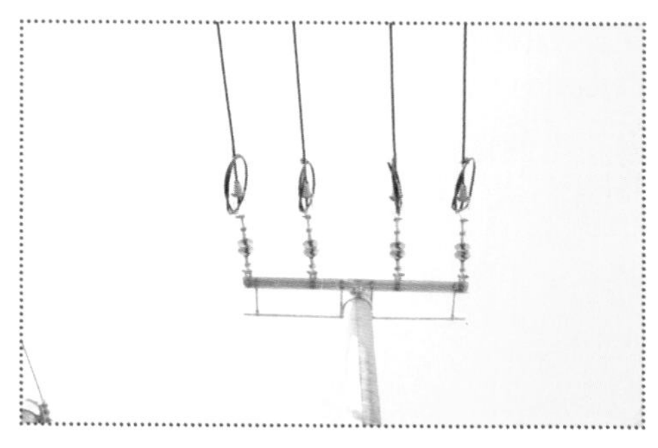

• 耐张线夹及绝缘子处销钉穿向

五、对合抱箍安装

（1） 安装前应进行外观检查：表面光洁，无裂纹、毛刺、飞边、锌皮剥落及锈蚀、变形等缺陷。

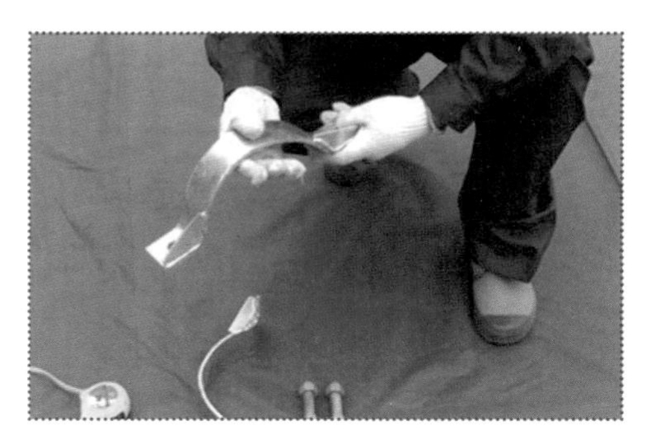

• 抱箍及附件外观检查

（2）组装配合应良好，螺栓齐备。

（3）安装方向正确，抱箍与电杆接触紧密，牢固可靠，螺栓穿向正确，紧固后抱箍两单片之间距离为 10 ~ 30mm。

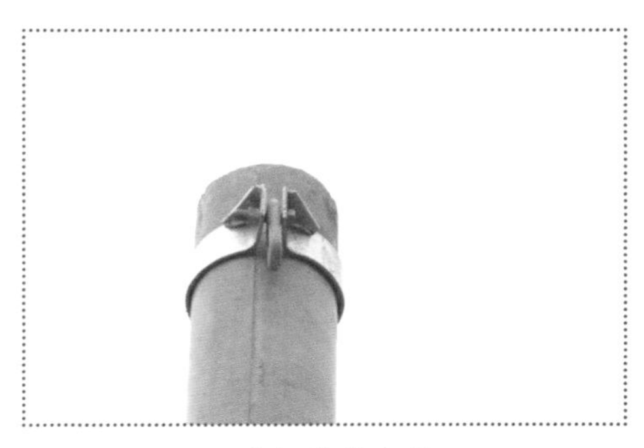

• 对合抱箍安装

六、绝缘子安装

（1）安装前应进行外观检查：瓷绝缘子瓷件与铁件组合无歪斜现象，且结合紧密，铁件镀锌良好；瓷釉光滑，无裂纹、缺釉、斑点、烧痕、气泡或瓷釉烧坏等缺陷。合成绝缘横担、复合绝缘子绝缘伞裙光滑完整，无侵蚀、闪络、开裂，外覆层无侵蚀的沟槽和痕迹、开裂、破碎，芯棒外露、小孔 。

• 绝缘子外观检查

（2）使用前应用 2500V 绝缘电阻表对绝缘子进行绝缘测试，最低阻值不得低于 500MΩ，绝缘子绝缘测试可按同批产品数量的 10% 进行抽检。

• 针式绝缘子绝缘电阻值测量

• 悬式绝缘子绝缘电阻值测量

• 柱式绝缘子绝缘电阻值测量

（3）安装时应清除表面灰垢、附着物及不应有的杂质。

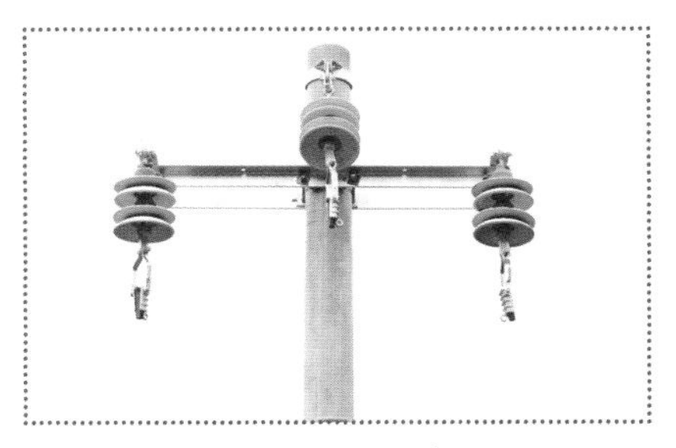

• 绝缘子安装

（4）绝缘子安装完毕后，应再次对其进行清洁。

七、引流线固定

（1）引流线应紧贴横担绝缘子最外层嵌线槽或顶端嵌线槽，受力自然，不得强行弯曲。

（2）导线在绝缘子上固定绑扎采用“二压一”绑扎法。

（3）在导线与绝缘子接触处，顺导线外层绞制方向缠绕铝包带（绝缘线缠绕自粘胶带），两端超出扎线 10mm。

• 绝缘带缠绕

• 导线固定

（4）扎线选用大于导线单股一个规格（铝扎线直径不小于 ϕ2.0mm，铜扎线直径不小于 ϕ2.5 mm），绝缘导线采用单股铜芯绝缘线绑扎。

（5）扎线紧密，与绝缘子接触处不得交叉，绝缘子两端扎线缠绕圈数 8 圈半，紧密无缝隙。

（6）扎线头长 10 ~ 15mm，余线应剪去，与导线 90° 回头并与扎线贴平。

（7）绑扎必须紧贴、牢固、平整且不能损伤导线。

八、跌落式熔断器安装

10kV 侧选用跌落式熔断器或封闭型熔断器，在本次典型安装工艺中采用 RW12-12F/100 高压跌落式熔断器。

（1）跌落式熔断器各部分零件须完整；转轴光滑灵活，铸件不应有裂纹、砂眼、锈蚀；绝缘部件完好，熔丝管不应有吸潮膨胀或弯曲现象。转动机构部件打黄油，触头处涂抹凡士林。

• 跌落式熔断器及附件外观检查

（2）跌落式熔断器须安装牢固、排列整齐，熔管轴线与地面的垂线夹角为 15° ~ 30°，水平相间距离不小于 500mm，对地垂直距离不小于 4.5m。安装后应进行分合闸试验，操作灵活可靠、上下触头接触紧密，合熔丝管时上触头应有一定的压缩行程。

• 跌落式熔断器安装

（3）跌落式熔断器上引线应采用铝芯绝缘导线，下引线应采用铜芯绝缘导线（JKTRYJ-10/35mm^2）。导线在绝缘子上固定时应绑扎牢固；上引线与主干线连接时应采用 0 号细砂纸打磨并涂导电膏，使用并沟线夹连接，线夹数量不应少于 2 个，导线出头 20 ~ 30mm，并绑扎 3 圈，并沟线夹型号必须与导线型号匹配；上引线相间应平行、无弓弯，每相引线与邻相的引线或导线之间，安装后的净空距离不应小于 300mm；下引线的弓字弧度三相应一致，与横担间距不小于 200mm，跌落式熔断器与上下引线连接应采取铜铝过渡金具连接，导线应采用 0 号细砂纸打磨并涂导电膏，各连接部位紧密、牢固可靠。

• 跌落式熔断器
上桩头上引线连接

• 跌落式熔断器
下桩头下引线连接

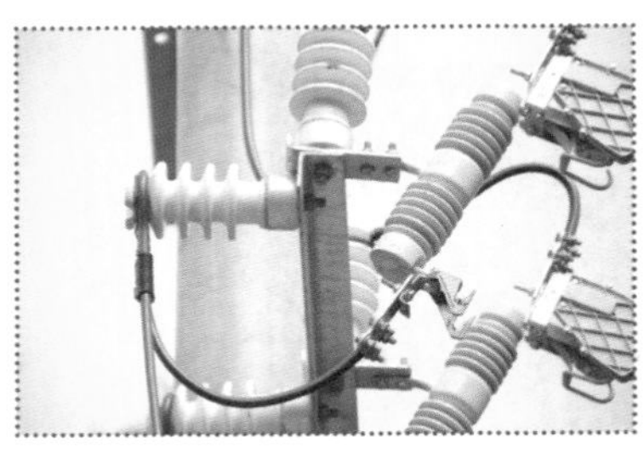

• 下引线弯曲

• 下引线绑扎处

（4）高压侧熔丝按照 CNP−302−01《变压器熔丝和低压侧接线配置表》的要求“取高压侧额定电流的 2 倍”进行选择。

九、避雷器安装

10kV 避雷器采用金属氧化物避雷器。

（1）采用交流无间隙金属氧化物避雷器进行过电压保护，金属氧化物避雷器按 GB 11032—2010《交流无间隙金属氧化物避雷器》中的规定进行选择，设备绝缘水平按要求执行。

（2）配电变压器均装设避雷器，应尽量靠近变压器，其接地引下线应与变压器二次侧中性点及变压器的金属外壳相连接。

在多雷区宜在变压器二次侧装设避雷器，避雷器应尽量靠近被保护设备，连接引线尽可能短而直。柱上变压器台高压侧须安装金属氧化物避雷器，方案中采用应用较多的普通避雷器和可装卸式避雷器两种型式。

（3）避雷器绝缘部件完好，上下接线柱与避雷器本体连接牢固可靠，安装前应经具有相应试验资质的单位试验合格。安装时，现场用2500V绝缘电阻表测试其绝缘电阻值与试验值不应有明显的变化，但最低不应小于1000MΩ。

• 避雷器外观检查

• 避雷器绝缘电阻值测试

（4）避雷器应竖直安装，排列整齐，高低一致，水平相间距离不小于 350mm，固定牢固可靠。

• 避雷器安装

（5）上引线应采用绝缘导线，如使用铝芯引线两端应采取铜铝过渡金具连接，导线应采用 0 号细砂纸打磨并涂导电膏，各连接部位紧密、牢固可靠。上引线应与变压器引线同弧度，在分支处用扎线绑扎 3 ~ 5 圈，电气连接部分，不应使避雷器产生外加应力。

• 避雷器上、下引线连接

（6）避雷器接地引下线应与接地装置进行连接，导线采用BV-35布电线，连接处应先打磨、清除氧化层，并涂抹导电膏、连接紧密。三根接地引下线每隔300mm应绑扎一次，并接后每隔600 ~ 800mm用10#铁线在横担或电杆上固定牢靠。接地电阻满足要求。

十、变压器台架安装

（1）变压器台架抱箍及横梁安装前进行外观检查：表面光洁，无裂纹、毛刺、飞边、砂眼、气泡、锌皮剥落及锈蚀等缺陷。

• 台架抱箍、横梁及附件外观检查

（2）台架抱箍与电杆接触紧密，牢固可靠，螺栓穿向正确，紧固后两端抱箍间隙一致，两间隙所连中心线与两台架杆所连中心垂直。

• 台架抱箍安装

（3）横梁安装后，水平倾斜不大于台架根开的1/100，横梁中心线对地垂直距离不小于3.4m。各部分连接应牢固，螺栓齐备，穿向正确，紧固可靠。

• 横梁测量水平倾斜

• 横梁对地距离

十一、变压器安装

（1）变压器型式的选择：选用高效节能型变压器，宜采用油浸式、全密封、低损耗油浸式变压器。

容量：400kVA 及以下。

阻抗电压：$U_k\%=4$。

额定电压：10（10.5）±5（2×2.5）%/0.4kV。

接线组别：Dyn11。

冷却方式：自冷式。

（2）位置的选择：

1）接近负荷中心。

2）进出线方便。

3）接近电源侧。

4）设备运输方便。

5）不应设在有剧烈振动或高温的场所。

6）不宜设在多尘或有腐蚀性气体的场所，当无法远离时，不应设在污染源盛行风向的下风侧。

7）不应设在厕所、浴室或其他经常积水场所的正下方，且不宜与上述场所相贴邻。

8）不应设在有爆炸危险环境的正上方或正下方，且不宜设在有火灾危险环境的正上方或正下方，当与有爆炸或火灾危险环境的建筑物毗连时，应符合 GB 50058—2014《爆炸危险环境电力装置设计规范》的规定。

9）不应设在地势低洼和可能积水的场所。

（3）变压器高低压瓷套管无破裂、损伤，脱铀等缺陷，油枕、油位正常，金属表面不得有锈蚀，油漆应完整，外壳不应有机械损伤，箱盖螺栓应紧固无缺，密封衬垫应严密好，呼吸器孔道通畅，无渗油。安装前应经具有相应试验资质的单位试验合格。

（4）变压器吊装到位后，变压器中心点在变压器台架中心位置，使用U形螺丝将变压器固定于变压器固定槽钢与台架槽钢上，标示牌、警示牌固定于变压器台架上。吊装后用2500V绝缘电阻表现场测试绝缘电阻经折算到试验温度后不应有明显的变化，吸收比不低于1.3或极化指数不低于1.5。

• 变压器吊装（葫芦吊装）

• 变压器吊装（支架吊装）

• 绝缘电阻测量

（5）杆上变压器及变压器台的安装，应符合下列规定：

1）水平倾斜不大于台架根开的 1/100。

2）一、二次引线排列整齐、绑扎牢固。

3）油枕、油位正常，外壳干净。

4）接地可靠，接地电阻值符合规定。

5）套管压线螺栓等部件齐全。

6）呼吸孔道通畅。

（6）变压器高压引线每相应安装验电接地环，导线应采取铜铝过渡金具连接，用 0 号细砂纸打磨并涂导电膏，各连接部位紧密、牢固可靠。低压出线按照 CNP-302-01《变压器熔丝和低压侧接线配置表》的要求进行选择，使用连接金具进行连接，导线应采用 0 号细砂纸打磨并涂导电膏，各连接部位紧密、牢固可靠，出线在穿保护管处应做滴水弯。变压器高低压侧接线端及设备线夹应安装绝缘护套。

• 接地环安装

• 出线穿保护管滴水弯

（7）变压器高低压引线的选择：

1）变压器 10kV 引下线一般选择：主干线至跌落式熔断器上桩头选用 JKLYJ–10–1×50mm^2 架空绝缘导线，跌落式熔断器下桩头至变压器选用 YJV–8.7/15–3×35mm^2 电缆或 JKTRYJ–10/35mm^2 导线，也可选用同等截面的柔性电缆，应根据实际情况对短路电流和热稳定进行校验。

• 变压器高压侧桩头接线

2）变压器至低压综合配电箱出线选择：变压器容量 200kVA 及以下选用 JKTRYJ–1–1×150mm^2 架空绝缘导线或 ZC–YJV–0.6/1kV–1×150mm^2 单芯电缆，变压器容量 200kVA 以上选用 JKTRYJ–1–1×300mm^2 架空绝缘导线或 ZC–EFR–0.6/1kV–300mm^2 柔性电缆，低压综合配电箱出线根据负荷情况设计选定。

• 变压器低压侧桩头接线

（8）变压器的外壳和低压侧中性点必须采用 BV–35 布电线与接地装置可靠连接，用塑料扎带在台架横梁适当位置固定牢靠，其接地电阻应满足要求。

• 变压器外壳连接

• 绝缘罩安装

（9）安装后对变压器进行清理，擦拭干净，顶盖上无遗留杂物。

（10）标志标识。在台架两侧电杆上安装“禁止攀登，高压危险”警示牌，尺寸为 300mm × 240mm，禁止标志牌长方形衬底色为白色，带斜杠的圆边框为红色，标志符号为黑色，辅助标志为红底白字、黑体字，字号根据标志牌尺寸、字数调整；在台架正面右侧的变压器托担上安装命名牌，命名牌尺寸为 300mm × 240mm（不带框），白底红色黑体字，字号根据标志牌尺寸、字数调整；安装上沿与变压器托担上沿对齐，并用钢带固定在托担上。

• 标示牌安装

第三章　低压综合配电箱

一、技术要求

（1）低压综合配电箱外形尺寸按照1350mm×700mm×1200mm设计，空间满足400kVA及以下容量配电变压器的1回进线、1～3回馈线、计量、无功补偿、配电智能终端等功能模块安装要求。对于选用10m等高杆的农村、山区，低压综合配电箱尺寸选用800mm×650mm×1200mm，空间满足200kVA及以下容量配电变压器的1回进线、2回馈线、计量、无功补偿、配电智能终端等功能模块安装要求。箱体外壳优先选用不锈钢材料，也可选用纤维增强型不饱和聚酯树脂材料（SMC）。

（2）低压综合配电箱采用适度以大代小原则配置，200～400kVA变压器按400kVA容量配置，无功补偿不配置或按120kvar配置，配置方式为共补（3×10＋3×20）kvar，分补（10＋20）kvar；200kVA以下变压器按200kVA容量配置，无功补偿不配置或按60kvar配置，配置方式为共补（5＋2×10＋20）kvar，分补（5＋10）kvar。实现无功需量自动投切，按需配置配电智能终端。

• 低压综合配电箱吊装

• 低压综合配电箱固定

• 低压综合配电箱安装

（3）电气主接线采用单母线接线，出线 1 ~ 3 回。进线选择熔断器式隔离开关，宜选择带弹簧储能的熔断器式隔离开关，并配置栅式熔丝片和相间隔弧保护装置，出线开关选用断路器，并按需配置带通信接口的配电智能终端和 T1 级电涌保护器。TT 系统的剩余电流动作保护器应根据 Q/GDW 11020—2013《农村低压电网剩余电流动作保护器配置导则》要求进行安装，不锈钢综合配电箱外壳单独接地。

二、低压综合配电箱安装

• 低压综合配电箱悬挂式安装

• 配电箱下沿距离地面不低于 2.0m

（1）低压综合配电箱采取悬挂式安装，下沿距离地面不低于2.0m，有防汛需求可适当加高。在农村、农牧区等D、E类供电区域，低压综合配电箱下沿离地高度可降低至1.8m，变压器台架、避雷器、熔断器等安装高度应做同步调整，并宜在变压器台周围装设安全围栏。低压进线采用交联聚乙烯绝缘软铜导线或相应载流量的电缆，由配电箱侧面进线；低压出线可采用电缆（铜芯、铝芯或稀土高铁铝合金芯）或交联聚乙烯绝缘软铜导线，由配电箱侧面出线，电杆外侧敷设，低压出线优先选择副杆，使用管卡或电缆卡抱固定；采用电缆入地敷设时，由配电箱底部出线，选用架空绝缘导线应做穿管防护处理；选用电缆则无需穿管。

• 进线架空绝缘导线

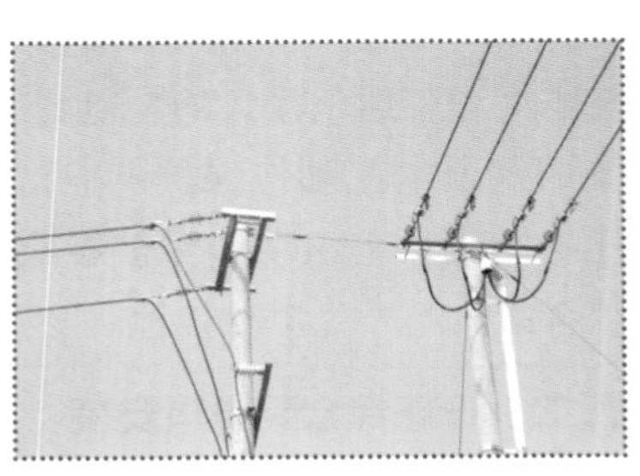
• 出线架空绝缘导线

• 配电箱进、出线电缆

（2）低压综合配电箱体外观完整，无锈蚀，无损伤，箱门开闭灵活，门锁可靠，关闭严密，标示牌、警示牌齐全，防水、防潮、防尘、通风措施可靠。柜内设备容量与变压器容量相匹配，各种设备的铭牌齐全，二次回路有编号，一、二次设备与连接导线连接紧固，各元件组装牢固。箱内接线正确，相位、相色排列应正确且工艺美观。外壳采用 BV–35 布电线与接地装置可靠连接。

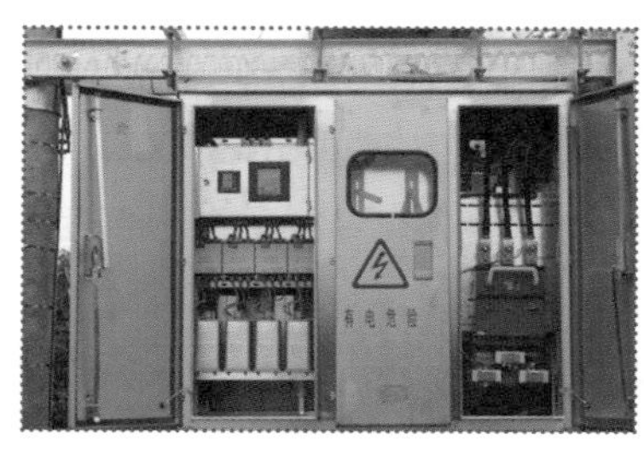

• 配电箱进线连接

• 配电箱出线连接

• 配电箱外壳接地

（3）进出线按照 CNP–302–01《变压器熔丝和低压侧接线配置表》的要求进行选择，使用连接金具进行连接，导线应采用 0# 细砂纸打磨并涂导电膏，各连接部位紧密、牢固可靠。

（4）出线与低压主干线连接时，应使用铜铝过渡并沟线夹，线夹数量不应少于 2 个，导线出头 20 ~ 30mm，并绑扎 3 圈，并沟线夹型号必须与导线型号匹配。

• 配电箱引出线与低压主干线连接

（5）进出线采用架空绝缘线或单芯电缆时，宜穿 PVC 保护管，出线保护管与低压主干连接处应做滴水弯，PVC 保护管应用保护管支架牢固地固定在电杆上，保护管支架间距 1.5m，穿管的绝缘导线总截面面积（包括外护层）不应超过管内截面面积的 40%。进出线采用多芯电缆时可不穿管，但应使用电缆卡抱进行固定，电缆卡抱间距 1.5m。

• PVC 保护管安装（变压器低压侧）

第四章　接地装置

一、技术要求

（1）交流电气装置的接地应符合 GB/T 50065—2011《交流电气装置的接地设计规范》要求。电气装置过电压保护应满足 GB/T 50064—2014《交流电气装置的过电压保护和绝缘配合设计规范》要求。

（2）中性点直接接地的低压配电线路，其保护中性线（PEN线）应在电源点接地，TN–C 系统在干线和分支线的终端处，应将 PEN 线重复接地，且接地点不应少于 3 处；TT 系统除变压器低压侧中性点直接接地外，中性线不得再重复接地，不锈钢综合配电箱外壳单独接地，剩余电流动作保护器另应根据 Q/GDW 11020—2013《农村低压电网剩余电流动作保护器配置导则》要求进行安装。接地体敷设成围绕变压器的闭合环形，设 2 根及以上垂直接地极，接地体的埋深不应小于 0.6m，且不应接近煤气管道及输水管道。接地线与杆上需接地的部件必须接触良好。

（3）低压综合配电箱防雷采用 T1 级浪涌保护器，壳体、浪涌保护器及避雷器应接地，接地引线与接地网可靠连接。

（4）设水平和垂直接地的复合接地网。接地体一般采用镀锌钢，腐蚀性高的地区宜采用铜包钢或者石墨。接地电阻、跨步电压和接触电压应满足有关规程要求。考虑防盗要求接地极汇合点设置在主杆上，高度不低于 3.0m 处，分别与避雷器接地、变压器中性点接地、变压器外壳接地和不锈钢低压综合配电箱外壳进行有效连接。不锈钢综合配电箱外壳接地端口留在箱体上部。

二、接地装置安装

（1）接地装置敷设在耕地时，接地体应埋设在耕作深度以下，且不宜小于 0.6m。

（2）地沟底面应平整，不应有石块、杂草或其他影响接地体与土壤紧密接触的杂物。

• 接地沟深度测量

• 接地沟全景

（3）倾斜地形沿等高线敷设。

（4）垂直接地体，应垂直打入，并与土壤保持良好接触。

• 接地体垂直打入并防腐处理

（5）接地角钢厚度不应小于5mm，极间距离不得小于接地极长度的2倍。

（6）水平接地体的扁钢厚度5mm、宽度50mm。水平接地体的间距应符合设计规定，当无设计规定时不宜小于5m。

• 水平间距不小于5m

• 接地体应平直

（7）接地装置的连接应可靠。连接前，应清除连接部位的铁锈及其附着物，接地装置的地下部分应采用焊接，焊接必须牢固无虚焊。其搭接长度：扁钢为宽度的2倍，四面施焊。

• 焊接长度

• 四面施焊

（8）圆钢的搭接长度应为其直径的6倍，双面施焊。

（9）圆钢与扁钢连接时，其搭接长度应为圆钢直径的6倍。

（10）扁钢与角钢焊接时，除应在其接触部位两侧进行焊接外，并应焊接用钢带弯成的弧形（或直角形）与角钢焊接。接地体引出线的垂直部分和接地装置连接部分外侧100mm范围内应做防腐处理，在做防腐处理前，必须除锈并清除焊处的焊药。

• 清除焊药

• 防腐处理

（11）采用垂直接地体时，应垂直打入，并与土壤保持良好接触。采用水平敷设的接地体，应符合下列规定：

• 垂直打入接地体

• 焊接平整牢固

1）接地体应平直，无明显弯曲。

2）地沟底面应平整，不应有石块或其他影响接地体与土壤紧密接触的杂物。

3）倾斜地形沿等高线敷。

4）接地引下线与接地体连接，应便于解开测量接地电阻。

• 引下线与接地体连接

5）接地引下线应紧靠杆身，每隔一定距离与杆身固定一次。

• 引下线使用扁钢

（12）接地沟的回填宜选取无石块及其他杂物的泥土，并应夯实。在回填后的沟面应设有防沉层，其高度宜为100 ~ 300mm。

• 防沉层 1

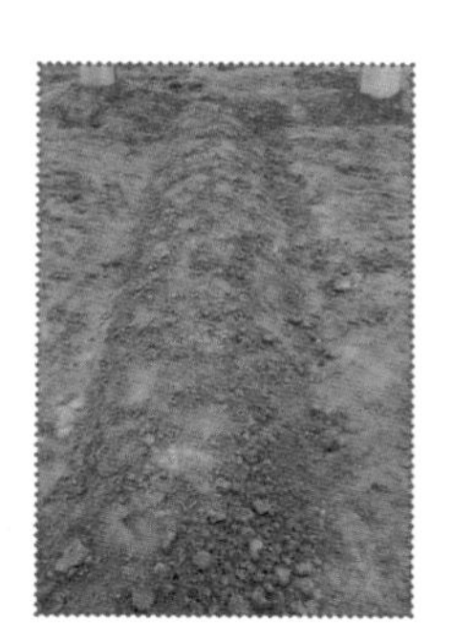

• 防沉层 2

（13）接地装置引下线使用扁钢，考虑防盗要求接地极汇合点设置在主杆上，高度不小于3.0m处，每隔600～800mm用铁线与杆身固定一次，扁钢头部打孔与设备接地引下线相连，不得采用气焊、电焊开孔，连接应采用螺栓连接，应加装防松垫片。

（14）每个电气装置的接地应以单独的接地线与接地干线相连接，不得在一个接地线中串接几个需要接地的电气装置。四点连接单接地引下，配电变压器均装设避雷器，并应尽量靠近变压器，其接地引下线应与变压器二次侧中性点及变压器的金属外壳相连接。

（15）接地电阻值：总容量为100kVA及以上的配电变压器接地装置的接地电阻不应大于4Ω，总容量为100kVA以下的配电变压器接地装置的接地电阻不应大于10Ω。

• 接地电阻测量

（16）当采用大电流接地系统时，保护接地和工作接地应分别与接地装置连接。

• 保护接地和工作接地

（17）接地扁铁着色为黄绿相间，颜色长度为 100 ~ 150mm，要求涂刷均匀，美观。

• 接地扁铁着色

第五章 接户线安装

一、接户横担安装

（1）对 U 形螺栓、M 垫铁、横担安装前应进行外观检查：表面光洁，无裂纹、毛刺、飞边、锌皮剥落及锈蚀等缺陷。

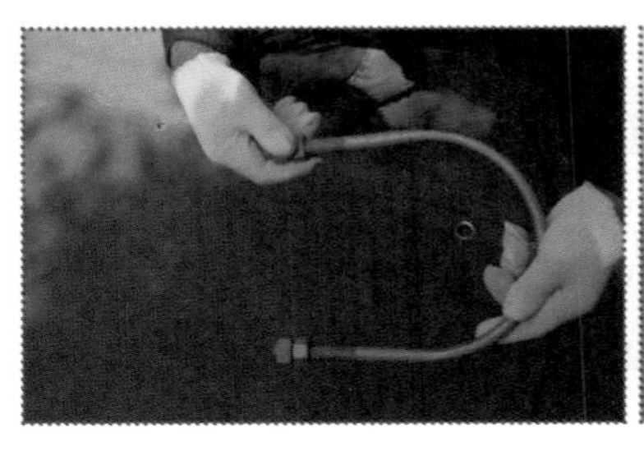

• U 形螺栓外观检查

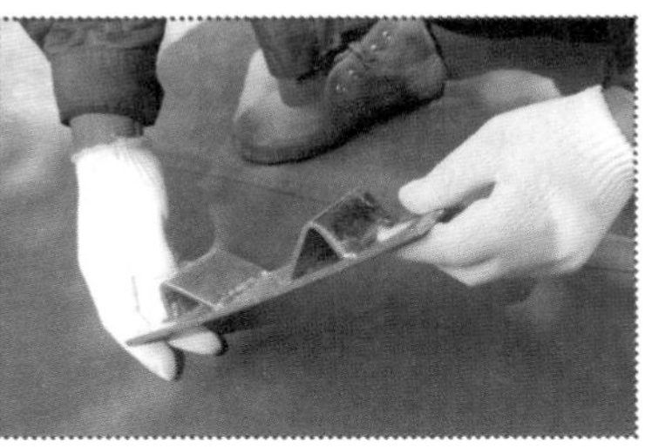

• M 垫铁外观检查

• 横担外观检查

• 地面横担组装

（2）横担安装方向正确，应平、正，横担端部上下歪斜不应大于 20mm。横担端部左右扭斜不应大于 20mm，距上层横担 500mm。

• 接户横担安装位置确定

（3）U 形螺栓垂直于电杆安装，与横担垂直，两端必须加平垫，但每端不得超过 2 个。U 形螺栓、M 垫铁与电杆接触紧密，横担固定牢固可靠。

• 接户横担安装

二、蝶式绝缘子安装

（1）安装前应进行外观检查：瓷釉光滑，无裂纹、缺釉、斑点、烧痕、气泡或瓷釉烧坏等缺陷。

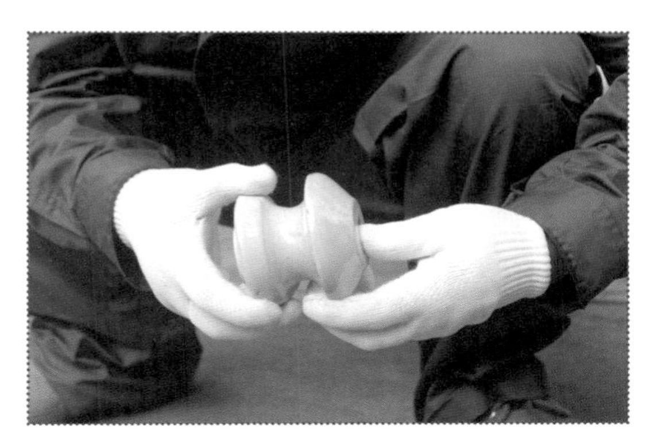

• 蝶式绝缘子外观检查

（2）安装时应清除表面灰垢、附着物及不应有的涂料。

• 蝶式绝缘子表面清除

（3）螺栓穿向由下向上，并在蝶式绝缘子与螺杆之间加平垫。

三、支架的安装

（1）安装前应进行外观检查：表面光洁，无裂纹、毛刺、飞边、锌皮剥落及锈蚀等缺陷，焊接牢固。

• 支架外观检查

（2）支架安装距离地面高度不小于 2.7 m，安装应牢固可靠。

• 安装高度测量

• 支架安装打孔

四、接户线架设

（1）接户线宜采用架空绝缘导线，不宜采用聚氯乙烯绝缘导线（BLV、BV）。接户线的档距不宜大于 25m，超过 25m 时宜设接户杆。

（2）绝缘导线的裸露部分应做绝缘处理，档距内不应有接头，弧垂误差不超过设计弧垂的 ±5%，水平排列的导线弧垂相差不应大于 50mm。

（3）沿墙敷设的接户线两个支持点间的距离不应大于 6m，采用集束导线超过 6m 时，应在两侧加装耐张线夹。沿墙敷设接户线的对地垂直距离不小于 2.5m。

（4）跨越街道的接户线，至路面中心的垂直距离，不应小于下列数值：

1）通车街道：6m。

2）通车困难的街道、人行道：3.5m。

3）不通车的人行道、胡同(里、弄、巷)：3m。

（5）低压接户线与建筑物有关部分的距离，不应小于下列数值：

1）接户线与下方窗户的垂直距离：0.3m。

2）接户线与上方阳台或窗户的垂直距离：0.8m。

3）与阳台或窗户的水平距离：0.75m。

4）与墙壁、构架的距离：0.05m。

（6）低压接户线与弱电线路的交叉距离，不应小于下列数值：

1）低压接户线在弱电线路的上方：0.6m。

2）低压接户线在弱电线路的下方：0.3m。

如不能满足上述要求，应采取隔离措施。

五、导线固定

（1）绑扎点距蝶式绝缘子距离为3倍绝缘子直径或120 ~ 150mm处扎线。

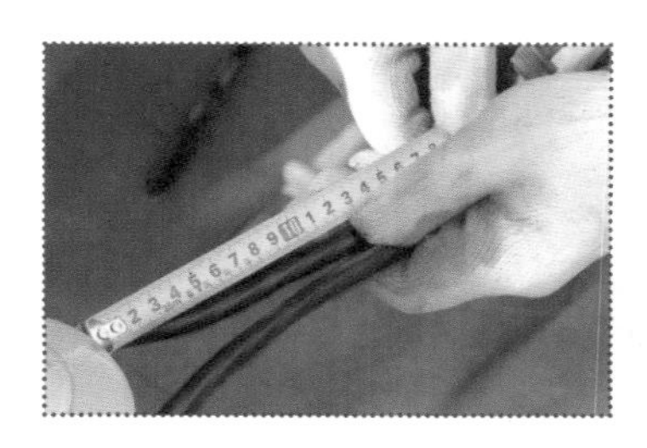

• 确定绑扎点

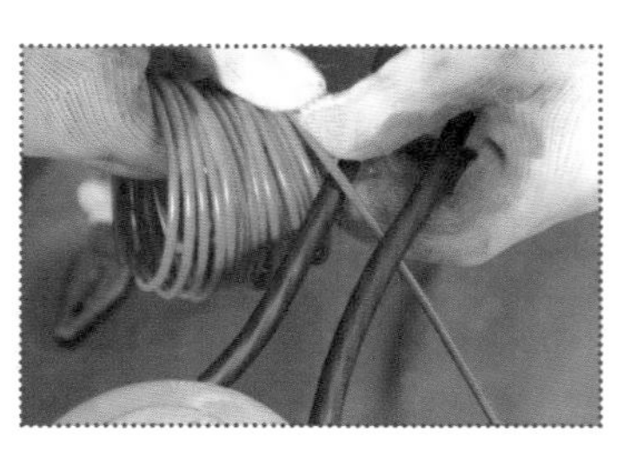

• 绑扎点开始扎线

（2）“8”字圈起头后，紧密缠绕5圈，将扎线端头伸直置于主线与副线之间，用扎线对导线的结合处按顺时针方向进行缠绕，缠绕长度100～150mm，匝间紧密，不得重叠、歪斜、鼓包。

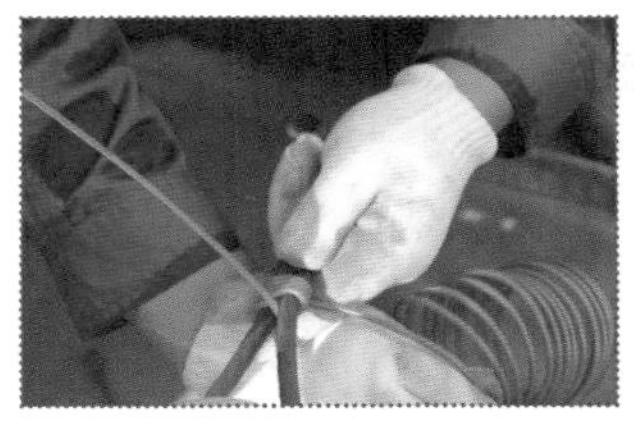
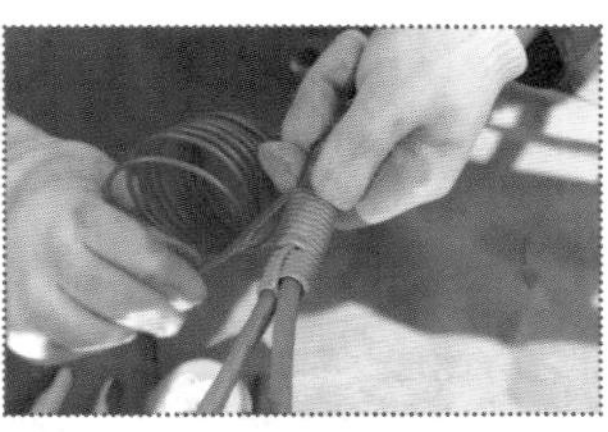

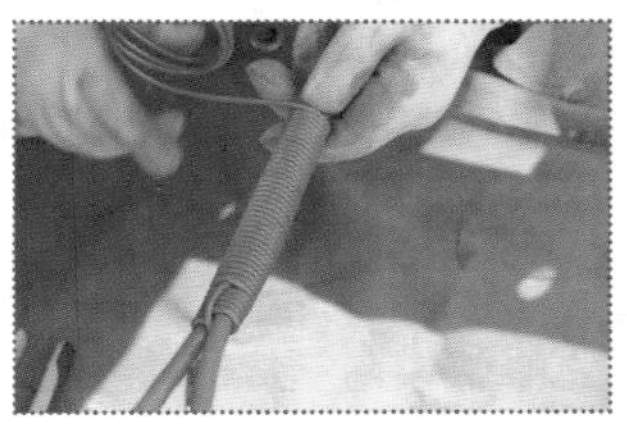

（3）收尾时，将副线与主线分开，扎线端头与主线并拢，用扎线圈对主线和扎线端头进行缠绕6圈，然后与绑线端头拧一小辫（3个麻花），剪断后用钳脖压平，要求小辫麻花均匀，辫头平行于导线侧。扎线过程中不得损伤导线及导线绝缘层。

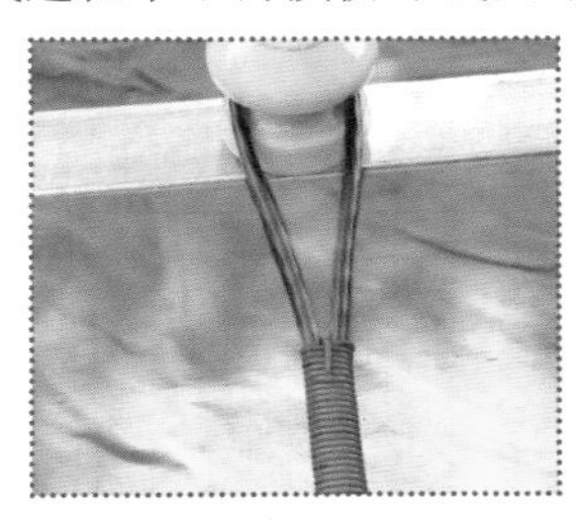

（4）当导线截面积≥ $50mm^2$ 时，导线的固定宜采用加装曲线板或悬式绝缘子。

六、导线连接

（1）不同金属、不同规格、不同绞向的接户线，严禁在档距内连接。跨越通车街道的接户线，不应有接头。

（2）导线连接宜采用并沟线夹。接户线与线路导线若为铜铝连接，应有可靠的铜铝过渡措施，并沟线夹型号必须与导线型号匹配。25 mm^2 以上导线应用线夹，25mm^2 及以下导线可用绑扎。

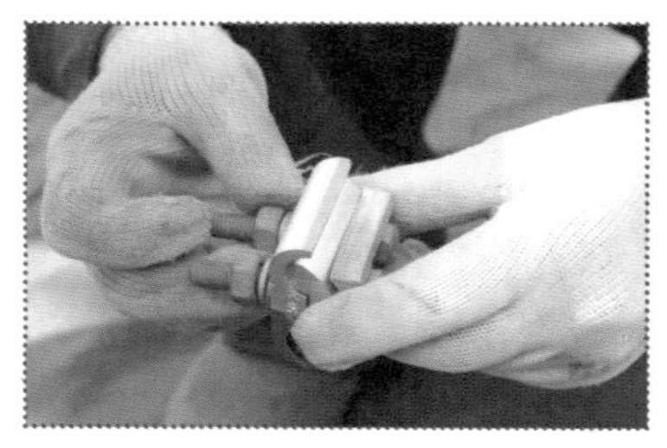

• 外观检查

（3）导线连接前要核对相线、零线。

（4）连接面应平整、光洁。导线及并沟线夹槽内需用汽油或砂纸洗刷光亮，清除氧化膜，涂导电膏。

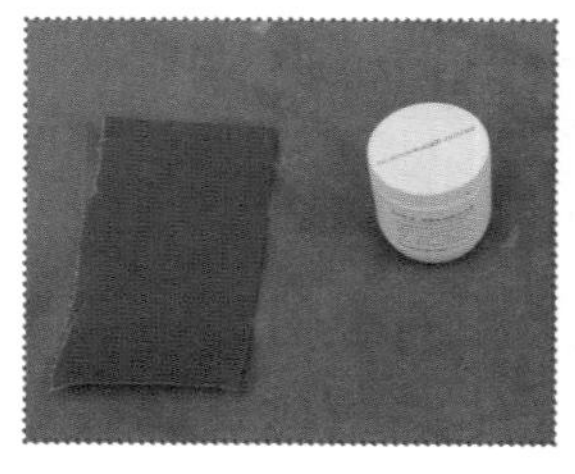

• 并沟线夹安装准备

（5）导线接触应紧密、均匀、无硬弯，搭接处应做好滴水弯，引流线应呈均匀弧度；安装后的裸露带电部位须加绝缘罩或包覆绝缘带保护。

• 做好滴水弯

• 导线表面处理后涂抹导电膏

• 并沟线夹搭接

（6）并沟线夹螺栓应拧紧，线夹出头 20 ~ 30mm。

• 线头的距离

（7）若导线连接采用绑扎连接时，绑扎连接应接触紧密、均匀、无硬弯，绑扎长度应符合下表。

导线截面（mm^2）	绑扎长度（mm）
25及以下	≥150

七、穿管

（1）穿管的管径选择，宜使用导线截面之和占截面积的40%。

（2）管口与接户线第一支持点的垂直距离在0.5m以内，导线在室外应做滴水弯，穿墙绝缘管应内高外低，露出墙壁部分的两端不应小于10mm；滴水弯最低点距地面小于2m时，进户线应加装绝缘护套。

• 滴水弯

（3）用钢管穿管时，同一交流回路的所有导线必须穿在同一根钢管内，且管的两端应套护圈。

（4）导线在穿管内严禁有接头，管道沿墙敷设时要求横平竖直，穿线管插入电表箱内距离不小于 20mm，并可靠固定。

• 线管固定

八、常用接户线装置方式

（1）380V 分列导线架空接户方式如下图所示。

• 380V 分列导线架空接户方式

（2）220V 分列导线架空接户方式如下图所示。

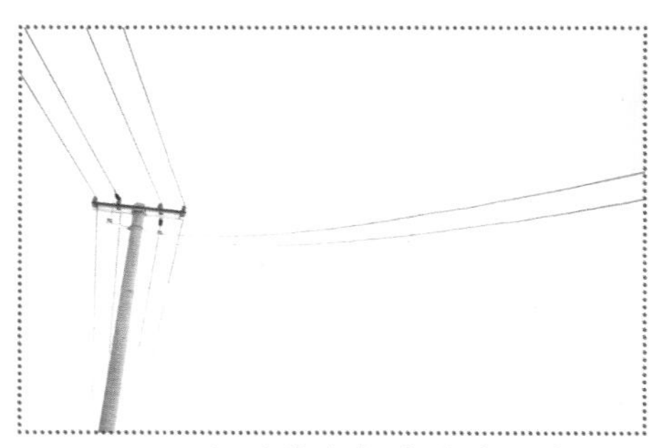

• 220V 分列导线架空接户方式

（3）杆上计量接户方式如下图所示。

• 杆上计量接户方式

（4）沿墙敷设接户方式如下图所示。

• 沿墙敷设接户方式

第六章　户表安装

一、表箱安装

（1）电能表箱应满足坚固、防雨、防锈蚀的要求，应有便于抄表和用电检查的观察窗。

（2）电能表箱完整无损伤，各元器件连接牢固可靠，安装应水平、牢固。

• 表箱外观检查

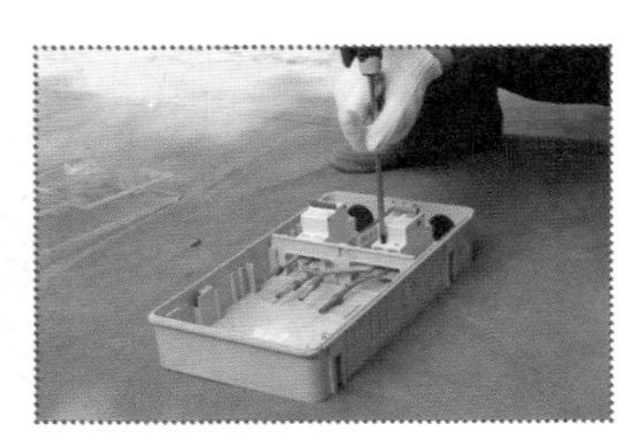

• 各元器件连接检查

（3）表箱安装对地距离为 1.8 ~ 2.0m。

• 表箱安装高度确定

• 安装表箱

二、智能表及采集器安装

（1）电能表安装必须垂直牢固，表中心线向各方向的倾斜度不大于 1°。

• 电能表安装

（2）采集器通过 RS–485 通信方式的，其采集器安装在电能计量装置附近，安装应牢固可靠，接线正确，导线无接头、无裸露。对于载波通信电能表，则不需要安装采集器，由集中器通过载波通信方式直接采集电能表。电能表的载波模块插接应可靠，外观无损伤。

• 采集器安装在电能表附近

• 采集器接线

• 采用载波通信方式，插入载波模块

（3）施工结束后，电能表端钮盒盖、试验接线盒盖及计量柜（屏、箱）门等均应加封。

• 加封电能表

• 加封表箱

三、户表箱保护接地安装

若采用金属箱体时应接地。在低电阻率土壤区，若采用单极垂直接地体，其接地电阻值不大于 10Ω 为宜(特殊土质不大于 30Ω)，可直接使用单极垂直接地体作为接地装置。方法为：采用 50mm × 5mm × 2500mm 的镀锌接地角钢垂直打入地面，端头露出地面长度 50 ~ 100mm，用黄绿相间截面积不小于 $10mm^2$ 铜芯绝缘导线穿管与电表箱接地端相连。

• 地线与接地体连接

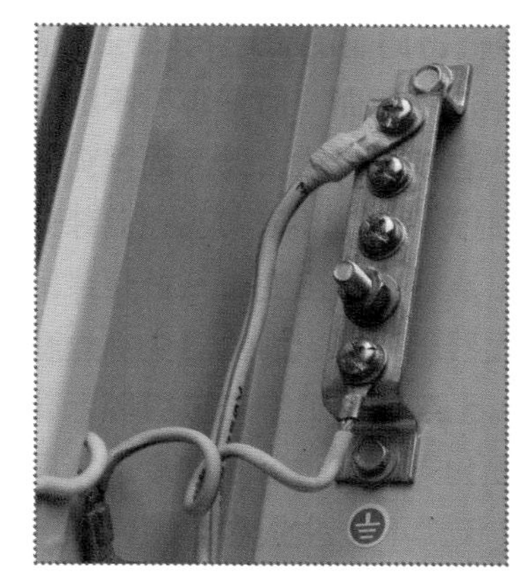

• 接地线与表箱连接

• 接地线穿管